AF305848

RESULTATS

DE

LIBERTÉ

ET

DE L'IMMUNITÉ

DU COMMERCE DES GRAINS,

DE LA FARINE ET DU PAIN.

A AMSTERDAM,

Et se trouve A PARIS,

Chez {
DESAINT, Libraire, rue du Foin S. Jacques.
LACOMBE, Libraire, rue Christine.
LEMOINE, Libraire, au Palais.

M. D. CC. LXVIII.

RÉSULTATS

DE

LA LIBERTÉ

ET

DE L'IMMUNITÉ

DU COMMERCE DES GRAINS,

DE LA FARINE ET DU PAIN.

Pour décider en connoiſſance de cauſe, ſi la *liberté* parfaite & l'*immunité* totale du Commerce des *grains*, de la *farine* & du *pain*, ſont en effet l'*objet le plus eſſentiel à la proſpérité de l'Etat*, il faut conſidérer les effets qui réſulte-roient de cette *liberté*, & de cette *immunité*.

A ij

Premier Résultat.

La communication de nos Provinces entr'elles, & du Royaume avec les Pays étrangers, pour le commerce des Grains & des Farines, entretiendra nos denrées à leur *prix naturel*, c'est-à-dire, au *prix* que leur donne notre position entre les Etats du Nord & ceux du Midi. Cette position (jointe à l'état encore passablement florissant de notre Culture en grains dans l'intérieur du Royaume, sur-tout dans nos Provinces septentrionales) nous met plus à portée de commercer avantageusement avec les Peuples qui ont *besoin* de grains joint aux *moyens de payer*, & cela dans le *meilleur moment*, c'est-à-dire, dans *l'instant même de leur nécessité*. Occupant le centre, nous sommes à même d'arriver plutôt à l'une ou à l'autre des extrêmités. D'ailleurs la situation de nos Rivieres & de nos Côtes, nous assurent cette facilité.

Ce *prix naturel* de nos Grains est actuellement supérieur d'un quart au moins au prix où ils étoient tombés *communément* avant la Déclaration de 1763. C'est-à-dire, que si le prix moyen des Grains de toute espece, l'un portant l'autre étoit *douze* l. le septier dans l'ancien systême des prohibitions, ce même prix moyen sera *naturellement* à *seize* livres ou environ dans l'état de liberté parfaite & d'immunité totale. La preuve s'en tire de la comparaison très facile à faire entre les prix de France & ceux des Pays libres depuis 1700 jusqu'en 1763, & même des prix de France en en 1763, 1764, 1765 & 1766.

Cette augmentation du prix des Grains, à raison seulement de quatre francs par septier, occasionneroit infailliblement un accroissement du revenu des terres. Supposé que la totalité

des Grains du Royaume ait été de foixante millions de feptiers ; à quatre liv.
d'augmentation par feptier, le premier
accroiffement indubitable au revenu
territorial feroit de deux cents quarante millions.

Cet accroiffement emporteroit nécef-
fairement l'augmentation des revenus
du Roi, & de la profpérité générale du
Commerce & des Arts : car quand les
Propriétaires & les Cultivateurs ont *plus*
de revenu, ils peuvent *plus* payer au
Roi, & cependant ils peuvent dépenfer
plus aux Marchands, aux Artifans, aux
gens à talens qui *vivent tous* fur leur dé-
penfe.

Second Résultat.

L'augmentation du *prix des Grains*
entraîneroit *naturellement* celle *du pain*,
pour les Ouvriers, les Marchands, les
Géns à talens qui l'achetent, & qui ne
recueillent point de Grain.

Le commun des hommes ne voit que ces deux effets de la *liberté*. Il s'imagine que l'augmentation du prix *du pain* eſt abſolument proportionelle à l'augmentation du prix des grains. C'eſt *une erreur populaire*, très facile à détruire.

La liberté parfaite & l'immunité totale aſſurent, aux *grains* & aux *farines*, un prix *moins variable*, & preſque *uniforme*. Autrefois les *variétés* bruſques & fréquentes étoient la ſuite néceſſaire des prohibitions. Dans les années abondantes, les grains, faute de débouché, *ne valoient pas les frais ;* ils ſe gâtoient dans les meules & les greniers ; les Cultivateurs étoient ruinés ; les revenus des Propriétaires, ceux des Seigneurs, & ceux du Roi en ſouffroient : la culture *dépériſſoit.* Dans les mauvaiſes années, le grain montoit rapidement à un prix *exceſſif* pour le Peuple des Villes ; mais les Gens de la campagne, ruinés dans les années d'abondance, faute d'avoir pu vendre, ne profitoient pas de ce prix exceſſif, leur récolte actuelle étant trop mauvaiſe pour *en vendre* & les anciennes ayant été, ou perdues, faute de débit, ou achetées à *vil prix*, par des monopoleurs privilégiés.

Au contraire, la liberté abſolue des communications aſſure la bonne vente, même dans les années les plus abondantes; parcequ'il y a toujours des Provinces & des Nations qui ſont moins bien traitées par la nature & qui ont un beſoin habituel ou accidentel de grains & de farines. *Abondance* avec *bonne vente*, enrichit le Cultivateur, par conſéquent augmente la culture & les revenus des Propriétaires, ceux des Seigneurs & ceux du Roi.

Mais cette même *liberté* aſſure meilleur marché au Peuple des Villes, dans les tems de diſette; parcequ'il y a toujours des cantons mieux traités par la nature, qui ſont dans une ſurabondance

de grains habituelle ou accidentelle, &
qu'ils ne defirent rien tant que de vendre
à ceux qui font dans le befoin.

Ces deux effets operent un double
profit, très confidérable. 1°. Les Cultivateurs, les Propriétaires, les Seigneurs, & le Roi pour fa part, *profitent*
de tout ce qui fe *perdoit* par le *défaut* de
bonnes *ventes* dans les années abondantes, & de tout ce qui *naît* de *plus*.
Ce profit *ne coute rien* au *Peuple des
Villes*, aux Artifans, aux Commer-
çans, aux Gens à talent. 2°. Ce *Peuple
des Villes*, à fon tour, *profite*, dans les
mauvaifes années de tous les bénéfices
que faifoient les *Monopoleurs privilégiés*,
leurs Protecteurs & leurs complices. Ce
profit *ne coute rien* aux gens de la campagne.

Il n'eft donc pas vrai qu'il n'y ait
à confidérer que l'augmentation d'un
quart ou environ du revenu des terres,
procuré par le moyen de la liberté, qui

porteroit naturellement le prix moyen, des grains à seize livres au lieu de douze, & par la même raison une augmentation proportionnelle d'un quart sur le *prix du pain*, pour le Peuple qui l'achete.

Premiérement, le revenu des terres augmenteroit de *plus* d'un quart, à cause de la *bonne vente* qui se feroit chaque année Cette *bonne vente annuelle* empêcheroit qu'on ne *perdît*, comme on faisoit ci-devant, une grande portion des récoltes; elle empêcheroit qu'il y eut des Cultivateurs ruinés, par conséquent des diminutions du revenu des Propriétaires & des Seigneurs, ainsi que des revenus royaux : au contraire elle occasionneroit des défrichemens & des améliorations de culture, comme l'expérience commence à le prouver.

Secondement, le pain du Peuple des Villes n'augmenteroit pas d'un quart au total, les années prises l'une portant l'autre; parceque la liberté de communications empêcheroit d'abord *ces pertes* faites dans les tems d'abondance ; pertes qui se ressentent dans les mauvaises années. Puis, elle empêcheroit les augmentations excessives, brusques & fréquentes, qui ne tournoient qu'au profit des Monopoleurs privilégiés & de leurs adhérents.

TROISIEME RÉSULTAT.

MAIS dans le moment même où le Roi procureroit, au revenu des terres, l'augmentation de plus d'un quart, par la *liberté parfaite & l'immunité totale* qui rendroient aux grains leur *prix naturel*, qui empêcheroient d'*en perdre* une grande portion, & qui en feroient prospérer la culture, au lieu de la laisser dépérir ; si dans ce moment même on trouvoit le moyen d'empêcher le pain du Peuple artisan & commerçant d'augmenter dans les Villes, comme il le feroit naturellement, (non pas d'un quart, ainsi que le croiroit le vulgaire) mais d'un cinquieme ou d'un fixieme, fi on trouvoit le moyen de le conferver au même prix? Ne feroit-ce pas là un vrai coup d'Etat de la plus grande conféquence?

Suppofons que la totalité des grains de toute efpece commerçables dans le Royaume, ait été jufqu'à préfent de 60 millions de feptiers, à raifon de douze l. le feptier, *prix commun*, l'un dans l'autre. Si la liberté parfaite & l'immunité abfolue les portoit à feize livres, prix commun, ce feroit deux cens quarante millions d'augmentation au revenu des terres.

Cette liberté augmenteroit encore la maffe des grains, annuellement commercés, de *plus* de douze millions au moins de feptiers, *qui fe perdoient*, ou qui n'étoient pas produits, à caufe du défaut de vente, des ruines, & du défaut d'améliorations qui s'enfuivoient communément. Ces 12 ou 13 millions de feptiers à feize livres, vaudroient encore deux cens millions ou environ.

Ce feroit donc plus de quatre cens millions d'accroiffement au revenu des terres.

Si on pouvoit, dans le même tems, procurer au Peuple, artifan & commer-çant des Villes, la même quantité de pain, auffi bon & même meilleur avec trois feptiers de grain, qu'il en retiroit jufqu'à préfent de quatre feptiers; ce Peuple *fe trouveroit de pair.* Car, trois feptiers à feize livres ne lui couteroient que quarante-huit livres, même prix que lui coutoient quatre feptiers à douze livres.

Il ne feroit donc pas néceffaire d'au-gmenter les falaires. Les quatre cens millions & plus, ajoutés au revenu ter-ritorial, ferviroient donc à rappeller, à fixer, à élever dans le Royaume des hommes qui ne peuvent pas y vivre, qui en défertent, que la mifere empêche d'y naître, ou du moins d'y atteindre l'âge viril.

Ces hommes de *plus*, trouveroient chaque année leur *subsistance*, leurs salaires dans les quatre cens millions d'augmentation survenue aux revenus des terres. En leur adjugeant à chacun deux cens livres par tête, l'un portant l'autre, c'est deux millions d'hommes. Les Cultivateurs, les Propriétaires, les Seigneurs & le Roi qui les *solderoient*, auroient entr'eux de profit, chaque année, la jouiffance des travaux que feroient ces deux millions d'hommes de plus.

Tel eft en gros l'avantage qu'il y auroit à *éargner* à perpétuité fur le prix du *pain* & fur la quantité du *grain* que confomme le Peuple, dans le moment même où l'on augmenteroit à perpétuité le prix des grains, & par conféquent le revenu des terres. Jamais peut-être objet auffi confidérable ne fut propofé au Confeil d'aucun Prince. C'eft fous ce point de vue, infiniment grand, qu'il faut envifager la liberté abfolue du Commerce des grains, de la farine & du pain pour en fentir toute l'importance, pour en faire un de ces principes fondamentaux, une de ces *raifons d'Etat* du premier genre, qui tranche toutes les petites difficultés de détail.

Les calculs qu'on vient d'expofer portent fur des élémens qui ne peuvent s'éloigner que très peu de la vérité. On fait pofitivement que les hommes ont confommé jufqu'ici l'un portant l'autre environ trois feptiers de Grains. Les animaux domeftiques de toute efpece en confomment auffi. Quand même on ne compteroit dans le Royaume que feize ou dix-huit millions d'Habitans, il eft impoffible que leur *fubfiftance* & celle des *animaux* n'emploie pas plus de foixante millions de tous Grains.

Or il vient d'être prouvé depuis un an, par les faits les plus conftants, &

par une multitude étonnante d'expé-
riences en grand & en très grand, qu'en
perfectionnant par l'*instruction*, *par la
liberté* & *l'immunité*, les *deux arts nourriciers* de la *Mouture* & de la *Boulangerie*,
on peut gagner dans la majeure partie
des Provinces du Royaume un cinquieme, un quart, & même jusqu'au tiers
sur la quantité & le prix du Pain, sans
altérer en rien sa qualité.

Rien n'est plus étrange que l'état de
ces deux arts, qui sont évidemment les
premiers de tous. Nos anciens usages &
reglemens les ont mis par des *privilèges
exclusifs* entre les mains des Artisans,
pour la plupart les plus grossiers & le
moins à leur aise, par conséquent les
plus avides de *profit*, & les plus incapa-
bles de se procurer ce *profit* autrement
que par la fraude, par le mauvais soin
& par la survente, au lieu que des hommes instruits qui sont en avances tirent
leur *profit* de l'économie du tems, des
hommes & des denrées.

En outre le droit féodal, le droit municipal, le droit fiscal, ont chargé partout le Commerce du Bled, de la Farine & du Pain, d'une foule de petites exactions sourdes qui ne paroissent rien au premier coup d'œil, si vous les prenez en détail; mais qui forment par leur réunion, quand vous les prenez en gros, une *surcharge terrible* sur le *prix* du Pain qu'achete le peuple; surcharge dont le produit presqu'entier s'éparpille sur une foule très considérable & très inutile de subalternes qui vivent de ce petit pillage clandestin, au lieu de travailler utilement à la Culture, au Commerce & aux Arts.

Les Meuniers & les Boulangers gênés & rançonnés de mille manieres, par des reglements inutiles & des petites exactions continuelles; d'ailleurs, assurés en gros de leur débit ou de leur salaire, par le moyen d'un privilége exclusif, n'avoient ni l'industrie ni le moyen de *tirer meilleur parti* pour le *peuple consommateur* de la Farine & du Grain. Ils n'y avoient même aucune espece d'intérêt. D'ailleurs dans le défaut de vente occasionné par la prohibition du commerce, ces denrées ne valoient souvent pas la peine d'être épargnées.

Il n'est donc pas étonnant qu'on ait absolument négligé *l'art* de *la mouture* & celui de la *boulangerie*, pendant qu'on s'est tant occupé des objets les plus frivoles, & que par une suite de cette négligence, jointe au *défaut d'intérêt*, ces *deux arts* soient restés dans la plus grande barbarie.

On est tout étonné aujourd'hui, & on le sera bien plus dans l'avenir d'apprendre ce qui se fait actuellement à Paris même, dans les environs de la Capitale, & dans quelques unes de nos Provinces, avec un septier de Bled.

D'une part, des personnes instruites & zélées, qui se sont fait une étude particuliere de la *mouture* & de la *boulange-rie*, après avoir conçu en grand l'utilité de cet objet, & sa relation intime avec la prospérité de l'Etat, tirent journelle-ment d'un septier de froment pesant deux cents quarante livres (à seize on-ces la livre) environ deux cents cin-quante ou deux cents soixante livres de très bon pain. C'est-à-dire, que si on veut du pain tout-à-fait *blanc*, & du pain tout-à-fait *bis*, ils en tirent environ deux cents trente à trente-cinq au moins de blanc, & environ dix-huit ou vingt de *bis*. Mais si l'on veut tout mêler en-semble, & s'occuper plutôt du goût, de la salubrité & du profit, que de la cou-leur ; ils tirent deux cents soixante livres au moins de bon *pain de ménage*.

A Paris cependant où l'on est plus instruit que par-tout ailleurs, le sac de farine passe pour le produit de deux sep-tiers, & se paye sur ce pied-là. Les Boulangers ne veulent avouer que quatre cents livres de pain produit par ce fac, ce qui ne fait que deux cents livres par feptier, & ils fe font payer en conféquence. La différence de deux cents à deux cents foixante ou environ, eft de plus d'un cinquieme.

Dans les Provinces on ne tire d'un feptier pefant deux cents quarante livres, que cent quatre-vingt-dix, cent quatre-vingt, & même cent foixante & dix livres de pain, même très médiocre en plufieurs endroits.

C'eft de-là que vient cette variété fi finguliere du prix du pain dans les Villes du Royaume. Le *grain* étant au même prix dans deux Provinces, on a vu le pain fe vendre cinq f. la livre dans l'une, & trois fols dans l'autre ; c'eft deux tiers dans l'une au deffus du prix de l'autre.

On peut citer pour exemple la Ville d'Arras. Les Députés des Etats voyant l'hiver dernier que le pain y renchériffoit fans ceffe, firent venir des farines du Midi de la Picardie ; ils firent vendre ces farines à raison de quatre sols & demi la livre de farine. Cependant les Boulangers vendoient le pain provenu de cette farine cinq sols la livre, prétendant sans doute, 1°. qu'il falloit une livre de farine pour faire une livre de pain, & 2°. qu'il falloit accorder six deniers par livre de pain au Boulanger pour ses frais & bénéfices.

Dans le vrai, il ne faut pas tout à-fait trois livres de farine pour faire quatre livres de pain. Les Boulangers de Paris conviennent tous, que trois cents vingt livres de farine font quatre cents livres de pain. Ceux qui disent vrai, & les personnes desintéressées qui s'occupent depuis un an, tous les jours de cet objet, savent que ces trois cents vingt livres de farine, produisent toujours environ quatre cents trente livres de pain. Il est aussi prouvé qu'à Paris même les frais de toutes efpece, qu'entraine la fabrication du pain, ne reviennent pas à un denier & demi la livre, & tous les Boulangers raifonnables conviennent qu'un fol par pain de quatre livres, ou un liard par livre, font un bénéfice fuffifant.

A Arras donc un pain de quatre livres n'auroient dû fe vendre, au jugement même des Boulangers de Paris, que quatorze fols fix deniers. Car, dans ce pain il y avoit tout au plus trois livres de farine. Les Députés de la Province fourniffoient cette matiere, moyennant treize fols fix deniers, à raifon de quatre fols & demi la livre. Le fol pour le Boulanger étant ajouté, c'eft évidemment quatorze fols & demi. Le Peuple le payoit vingt. C'eft plus d'un tiers en fus de fa vraie valeur, par la mauvaife foi & l'ignorance des boulangers, qui n'auroient pas mis cette furcharge énorme, s'ils n'avoient pas eu un privilège exclusif qui leur ôte l'émulation & la crainte de la concurrence.

De mille & mille exemples pareils, on doit conclure avec la plus grande certitude , que par le moyen d'une bonne *mouture* des grains, & de la bonne *boulangerie*, le pain du Peuple sera diminué de plus d'un *cinquieme*, dans les lieux où ces deux Arts sont plus perfectionnés ; d'un *quart*, dans le général du Royaume, & d'un *tiers*, en plusieurs endroits.

Ajoutez d'abord le rabaissement de prix qui naîtra de cette épargne ; puis le profit considérable qui revient au Peuple de l'égalité des prix, & de l'exclusion des *Monopoleurs privilégiés* ; puis le surcroît de récolte, occasionné par l'émulation & l'aisance que procureroit aux Cultivateurs la bonne vente continuelle ; enfin, le profit qui naîtroit de la suppression des gênes & des petites exactions, que supportent par tout le bled, la farine & le pain.

Plus on méditera ces objets, plus on verra clairement que le pain du Peuple, commerçant, artiste & manœuvre, au lieu d'augmenter, resteroit plutôt au même prix, ou même diminueroit quoique les *grains* fussent augmentés même d'un quart & au delà.

Empêcher l'augmentation du pain, par le moyen de la bonne mouture économique & de la bonne boulangerie, en donnant par tout la *liberté* & *l'immunité* les plus parfaites qu'il sera possible ; *l'instruction* la plus claire, la plus multipliée, la plus continuelle ; sur-tout *le bon exemple*, avec zèle & persévérance, comme l'ont déja fait de très bons Citoyens, c'est donc le vrai moyen d'opérer l'effet ci-dessus détaillé, de procurer au revenu, des Cultivateurs, des Propriétaires, des Seigneurs & du Roi, à partager entr'eux, 440 millions

lions d'accroiſſement annuel , qui feront ſubſiſter au delà de deux millions de *plus* d'hommes utiles travaillant dans le Royaume habituellement au profit des Cultivateurs, des Propriétaires, des Seigneurs & du Roi, chacun pour leur part, ſans rien retrancher de la ſubſiſtance du Peuple actuel, ni de ſes autres jouiſſances.

QUATRIEME RÉSULTAT.

Un des premiers avantages de la *liberté* du commerce des grains , de la farine & du pain ſera recueilli par les Propriétaires des *moulins* dans le Royaume.

La *bonne mouture* commence à ſe payer en argent, & s'eſtime environ vingt-cinq ſols au moins. La *mauvaiſe mouture* ancienne ſe payoit *en nature* dans les moulins bannaux ou volontaires, au ſeizieme, au dix-huitieme , & même au vingtieme. Ce produit valoit peu dans les années abondantes , faute de bonne vente : il étoit très oné-reux au peuple dans les tems de cherté.

Auſſi un moulin, même bannal, étoit-il alors un mauvais bien : tous les Propriétaires en étoient las.

La totalité des moulins coûtoit pourtant beaucoup à la nation. Si la conſommation des grains mal moulus étoit eſtimée à ſoixante millions , *le droit en nature* pris au quinzieme étoit de quatre millions de ſeptiers. A douze livres l'un portant l'autre , c'étoit pour 48 millions de grains adjugés aux Meuniers , mais dont la mauvaiſe vente faiſoit perdre une portion.

Dans l'état de proſpérité que produiroient la *liberté* & l'*immunité* abſolues du commerce des *grains* , de la *farine* & du *pain* , il ſe moudroit peut être ſeulement cinquante millions de ſeptiers ; parceque d'un côté il ſe vendroit communément plus de farines à l'étranger, aux colonies & aux deux millions d'hommes qui pourroient vivre de plus dans le Royaume ; mais auſſi d'un autre côté la conſommation du bled devenu précieux *diminueroit* par la *bonne mouture*.

Mais cinquante millions de ſeptiers à vingt-cinq ſols n'en feroient pas moins ſoixante & deux millions & demi d'argent comptant employés pour la mouture. C'eſt donc environ quatorze millions d'augmentation à répartir ſur la totalité des moulins du Royaume.

Or comme les moulins qui jouiſſent du droit de bannalité font plus des deux tiers du total, & comme ils ont droit d'empêcher qu'il ne s'en établiſſe d'autres à leur portée ; les deux tiers au moins de ce ſurcroit de bénéfice doit tomber aux Propriétaires & aux Fermiers de ces moulins bannaux.

C'eſt donc neuf à dix millions *de plus* en ſalaires pour les *moulins bannaux*, &

plus de quatre à cinq millions pour les autres que leur procurera la mouture économique.

Car comme il s'agit de moudre & re-moudre, leur emploi eſt doublé ; mais auſſi leur ſalaire eſt plus que double. Il ne faudra pas néanmoins en doubler le nombre , parceque la plûpart man-quoient d'occupation ou de forces par la mauvaiſe conſtruction & par le mau-vais entretien qu'occaſionnoit le défaut de ſalaire ſuffiſant.

Il ne s'agira dans la plûpart des mou-lins que de réparations médiocres pour en faire d'excellents moulins économi-ques , où l'on exploitera plus de grains moulus & remoulus parfaitement qu'ils n'en ont jamais fait à la groſſe.

Les quatorze ou quinze millions de *nouveau bénéfice* , recueillis au moins pendant long-tems par les poſſeſſeurs des moulins actuels , font partie des quatre cents millions d'augmentation furvenus au revenu des terres. Le refte fe partagera naturellement entre les Propriétaires & les Cultivateurs des terres : ce qui augmentera les Fermes & par conféquent les droits Seigneuriaux de toute efpece, de même que les revenus du Roi.

Il eft aifé de voir que les Seigneurs propriétaires de la majeure partie des moulins, fur-tout des moulins bannaux, auront trois portions de cette augmentation. La premiere, comme Propriétaires des domaines particuliers. La feconde, comme ayant des droits utiles, proportionnels à la valeur des récoltes. La troifieme, comme poffeffeurs des moulins.

CINQUIEME RÉSULTAT.

QUEL feroit donc l'état du Royaume, fi on y avoit établi la *liberté* & *immunité parfaite* du commerce des grains, de la farine & du pain ?

B iij

Premierement , chaque particulier , comme *confommateur* du pain , n'auroit plus autre chofe à faire qu'à fe connoître *en pain* , ce qui eft très facile. Quoique chacun fût toujours libre de faire fon pain , les particuliers auroient plus de profit à l'*acheter tout cuit* , quand ce commerce jouiroit de l'*immunité totale* , & quand l'inftruction accompagnée du bon exemple l'auroit perfectionné ; parceque les frais de toute efpece font infiniment moindres pour une grande Boulangerie que pour une cuiffon particuliere.

Moyennant la perfection de la Boulangerie & la fuppreffion de toutes *les entraves*, de toutes les *exactions*, de tous les *p.iviléges exclufifs* , le peuple ne paieroit que *la façon* du pain & le bénéfice du Boulanger : il paieroit l'un & l'autre *au meilleur marché* qui foit poffible.

Il ne faut pas regarder cet objet comme peu confidérable , & comme indifférent à la *prosperité générale de l'Etat*. C'est la faute très grave qu'on avoit commise jusqu'à présent. Quelques deniers de plus ou de moins par livre de pain ne sembloient pas mériter d'attention ; cependant voici un calcul bien assuré & bien facile.

Il se consomme chaque jour dans le Royaume environ vingt-cinq ou trente millions de livres de pain. N'en comptez que vingt-quatre millions ; ce n'est pas trop , attendu la grande quantité de pauvres gens , qui n'ayant point d'autre nourriture que le pain & la soupe , en mangent beaucoup plus : & d'ailleurs les animaux domestiques en consomment aussi.

Un denier de plus par livre de pain , formera donc chaque jour pour le peuple une surcharge de vingt-quatre millions de deniers , c'est-à-dire de huit millions de liards , c'est-à-dire de deux millions de sols , c'est-à dire de cent mille francs. Or cent mille francs par jour font dans une année trente-six millions cinq cens mille livres.

Les esprits légers & superficiels qui regardent encore aujourd'hui comme des minuties indignes de leurs soins toutes les recherches qu'ont faites de bons & zèlés Citoyens pour diminuer *le prix du pain* sans diminuer la valeur *du grain*, pourront voir par le calcul combien ils doivent se défier de leurs jugements & & de leurs prétendues bonnes intentions.

Deux deniers épargnés sur chaque livre de pain dans le Royaume équivalent précisément chaque jour à la solde & à l'entretien de cent mille hommes de troupes réglées, à raison de quarante sols par tête l'un portant l'autre, ce qui formeroit une solde assez forte.

C'est que *les pertes* les plus terribles & les *épargnes* les plus considérables sont naturellement sur l'objet de la consom-

mation la plus générale & la plus continuelle. Or cet objet eſt ſurement le
bled , la farine & le pain.

Secondement , le Boulanger qui ſe
feroit librement *vendeur de pain* au public , *ſans avoir rien à payer* , que la farine & les *frais* les plus indiſpenſables ,
frais qui ſont infiniment moindres pour
une Boulangerie en grand , ne pourroit
s'aſſurer le bon débit qu'en donnant
au public de bon pain. Il faudroit donc
qu'il apprît à ſe connoître *en bonne fa-*
rine : cet art qui eſt d'ailleurs aſſez facile , lui deviendroit bientôt familier dès
qu'il y auroit *un grand intérêt*.

Mais en conſidérant le *vendeur de pain*
ou le particulier qui veut faire le ſien ,
comme *acheteurs de farine* , il eſt évi-
dent que toutes les charges qu'on im-
poſe à cette denrée retombent néceſ-
ſairement ſur le prix *du pain*.

Les petites *exactions* que ſouffre le
commerce de la farine dans tout un

Royaume font prefque infenfibles ; cinq ou fix fols par facs de farine pefant trois cens vingt livres, c'eft une mifere qui ne vaut pas la peine d'être remarquée. Vous le croyez ? eh bien, cette mifere enchérit tout le pain du Royaume de la fixieme partie d'un denier par livre de pain. Mais qu'eft-ce que l'enchériffement de la fixieme partie d'un denier par livre de pain ? c'eft un impôt de plus de fix millions par an fur toute la Nation.

C'eft ce réfultat général qu'il faut donner pour objet de méditation à des perfonnes fort éclairées d'ailleurs & même bien intentionnées, qui regardent comme une chofe indifférente la multiplication de ces petits droits locaux qui s'éparpillent fur plufieurs têtes & ne paroiffent rien. Il n'y a dans le Royaume aucun endroit fi privilégié, où fi on laiffe fubfifter les perceptions quelconques du Fifc, des Seigneurs, des Officiers mu-

nicipaux , des Juges de Police , des Jurandes & Communautés , *la farine* mou-
lue feule (fans compter le grain & la
mouture) ne foit rançonnée au point
de faire augmenter le pain de plus d'un
liard par livre , & par conféquent de
former un véritable *impôt* annuel &
journalier de plus de *cent dix millions*
fur la Nation.

Les mêmes perfonnes qui voient d'un
œil indifférent ces petites perceptions
fourdes , feront bien étonnées de favoir
que la Nation toute entiere , fans aucune exception , paie autant , & peut-
être beaucoup plus d'impôt fur la farine
& le pain , aux exacteurs particuliers ,
qu'elle ne paie au Roi de taille & de ca-
tation & de vingtiemes.

Si toutes ces furcharges étoient anéan-
ties , le vendeur de pain acheteur de
farines n'auroit à payer que le *prix de la
farine* même. En le fuppofant éclairé par
fon intérêt , par l'inftruction , par le bon

exemple, il tireroit le meilleur parti possible de ces farines, & vendroit le pain au meilleur marché.

Troisiemement, *le vendeur de farine* n'auroit plus qu'à se connoître en bleds, en bonne mouture, en bon assortiment. C'est encore là un de ces objets qu'on a dédaigné jusqu'à présent, & qui mérite pourtant une attention très sérieuse.

Les grains recueillis dans des terreins & dans des années différentes étant moulus chacun à la maniere qu'exige leur qualité ; étant pris chacun à leur vrai point de maturité, soit en grain, soit en farine ; étant ensuite mêlangés & assortis, donnent une plus grande quantité de meilleur pain.

C'est donc *un art* très utile que celui de connoître la nature des bleds, de les conserver, de corriger leurs mauvaises qualités, de les bien moudre, d'entretenir & assortir les farines. C'est de là que dépendent principalement le prix & la bonté du pain.

Un habile Commerçant en farines qui saura bien combiner ses achats de grains, qui saura les vanner & les cribler avec la plus grande épargne *du tems* & des frais, qui saura les moudre *à point* & *à profit* par la bonne mouture économique, qui saura conserver & assortir ses farines, n'étant d'ailleurs ni gêné ni rançonné dans son Commerce, pourra dans tout le Royaume mettre, le Boulanger qu'il fournira de ses farines, en état de vendre le pain plus d'un cinquieme, même dans la plupart des Provinces de plus d'un quart, & jusqu'à un tiers meilleur marché qu'il ne se vend.

On a calculé, ci-devant, quel profit la Nation retirera nécessairement de cette *épargne*, combinée avec la *libre communication*, soit des Provinces entr'elles, soit du Royaume avec l'Etranger, & avec *l'immunité* parfaite.

Sixieme Résultat.

Cette *immunité* abfolue du Commerce des grains, de la farine & du pain ; exige donc qu'on fupprime toutes les *exactions* que fouffrent dans le Royaume ces denrées précieufes ; exactions qui retombent toutes fur le prix du pain, & qui forment un impôt de plus de 36 millions fur toute la Nation, par *chaque denier* qu'on furajoute, ou qu'on pourroit épargner & qu'on n'épargne pas fur la livre de pain.

Les perceptions fe font, ou au profit du Roi, (c'eft la moindre partie) ; ou au profit des Villes particulieres, au profit des Seigneurs, au profit des Jurandes ou Corps de Maîtrifes.

Chacun de ces droits a occafionné de grandes difficultés qui ont gêné, rançonné, effarouché ou même empêché jufqu'à préfent le Commerce des grains de la farine & du pain.

Il n'eſt donc pas étonnant qu'il ſe ſoit élevé tant de voix dans le Royaume, & qu'il ſe ſoit pratiqué tant de manœuvres contre la *liberté* & l'*immunité*. Tous ceux qui vivent ou profitent de ces exactions s'embaraſſent peu de la proſpérité publique, & ne penſent qu'à conſerver leurs émolumens ordinaires.

C'eſt cet *intérêt perſonnel*, joint à la cupidité des Monopoleurs ci-devant privilégiés, de leurs fauteurs, de leurs complices & de leurs ſalariés, qui a remué tant de reſſorts, pendant l'année derniere, pour *exciter le Peuple*, en lui faiſant attribuer la cherté du pain à cette même *liberté*, à cette même *immunité*, qui ne ſont encore établies nulle part dans le Royaume ; au lieu de l'attribuer, premierement, à la mauvaiſe récolte de 1767, qui a été la plus généralement diſetteuſe en toute eſpece de productions qu'on ait vue de mémoire d'hommes. Secondement, au défaut général de cette *immunité* parfaite, qui n'eſt encore nulle part. Troiſiemement, au défaut, non moins univerſel, d'inſtruction & de bon exemple ſur la mouture & la boulangerie.

N'eſt-ce pas une choſe étrange que la maniere dont les Monopoleurs ci-devant privilégiés & leurs adhérens, (avec les hommes avides, intéreſſés à toutes les exactions) ont voulu en impoſer à la Nation? Ce ſont ces mêmes gens qui ont profité de la *cherté du pain* pour mettre, par tout où ils ont pû, des entraves à la *liberté qui commençoit,* & pour faire élever des clameurs contre le projet de rendre parfaites, générales, perpétuelles cette *liberté,* cette *immunité.* Qui eſt-ce qui peut en douter? Leurs Mémoires, leurs Diſcours, leurs manœuvres ont été publics, tant ils ſe ſont crus ſurs de leur fait. Tout homme honnête & de bonne foi, qui a été témoin des propos, des rumeurs & des pratiques mifes en œuvre à découvert, n'a qu'à remonter à la fource ; il trouvera fur le champ des perfonnes intéreffées aux *exactions* qui *enchériffent le pain*, & au *monopole privilégié*.

Sans le commencement de *liberté*, d'*inftruction* & d'*émulation* que le Gouvernement a procuré, ou favorifé de fon mieux depuis 1763, le pain commun auroit valu plus de cinq à fix fols la livre dans Paris, tout l'hiver dernier ; il a valu autant & même plus dans des années moins mauvaifes que l'année paffée. C'eft un fait qu'on ne peut nier.

Si la *liberté*, l'*immunité*, l'inftruction, l'émulation fur le commerce des grains, fur la mouture, fur la boulangerie euffent été auffi parfaites qu'il feroit à defirer, & qu'elles peuvent le devenir dans tout le Royaume, qu'elles le deviendront même très probablement en fort peu de tems, fi on n'y met pas d'obftacle, le meilleur pain commun n'auroit été a deux fols & demi la livre à Paris, (même dans l'hiver dernier, après la plus mauvaife récolte poffible.) C'eft un fait qui a été prouvé de la maniere la plus indubitable.

Le bon fens devoit en conclure qu'il n'y avoit rien de plus effentiel à la profpérité de l'Etat, que de mettre la derniere main à l'ouvrage falutaire de la *liberté* & de l'*immunité*. Ceux dont le monopole & les exactions font l'opulence, fachant combien le Peuple eft aifé à féduire, lui ont donné le change. Le pain valoit trois fols & un liard la livre; c'eft *cherté*. Car après une bonne récolte dans l'état de *liberté* & d'*immunité*, les deux arts nourriciers de la mouture & de la boulangerie étant en bon état, le très bon pain ne vaudroit pas plus de dix-huit deniers.

Mais le Peuple foufflé & inftigué par les partifans du monopole & des exactions, au lieu de joindre enfemble ces idées naturelles *cherté du pain*, défaut total de la derniere récolte, défaut de *liberté* & *d'immunité*, défaut de *bonne mouture* & de bonne boulangerie, a joint enfemble deux autres idées *cherté du pain* en 1768, & commencement de *liberté*, *d'immunité*, d'inftruction fur la mouture & la boulangerie, accordées ou protégées par le Gouvernement, depuis 1763.

Ce Peuple n'a pas voulu fe fouvenir de 1721, de 1725, de 1740, années *naturellement* moins mauvaifes que celle-ci, années où le pain commun valoit cinq fols la livre. Il n'a pas voulu dire *trois fols & un liard* font bien *moins* que *cinq fols & au delà*. Dans les *mauvaifes années* que nons avons eu depuis 1700, il n'y avoit *point du tout* de *liberté*, point *d'immunité*, peu de perfection dans la mouture & la boulangerie : le pain fe vendoit alors *plus de cinq fols*, quoique les années fuſſent *moins mauvaiſes*. La *liberté*, *l'immunité*, la perfection de la mouture & de la boulangerie *diminuent* donc le *prix du pain*, puiſque nous ne l'achetons que *trois ſols* & un *liard*. Nous l'aurions donc à *meilleur marché*, s'il y avoit *plus de liberté*, *plus d'immunité*, plus de perfection dans la mouture & la boulangerie.

C'eſt préciſément le contraire, que demandent ceux qui le ſouffloient & qui faiſoient tous leurs efforts pour l'animer & le ſoulever. Ils veulent qu'on ôte toute *liberté* pour leur rendre le privilége excluſif d'*acheter bon marché & de vendre cher*; ils veulent qu'on conſerve précieuſement toutes les exactions, tous les droits, tous les réglemens ſuivis de *formalité*, d'*amendes*, de *confiſcations*, qui les *enrichiſſent* toujours aux dépens *du pain* des pauvres Peuples.

Ils ont donc dit au Peuple, vous mangez le *pain cher*, parcequ'on a voulu donner la *liberté* & l'*immunité* au Commerce. Et une partie du Peuple l'a cru, par la raison que le besoin & la peur ne calculent point. A présent que le moment critique est passé, les personnes éclairées & de bonne foi, rougiront de s'être laissé séduire par ces clameurs.

Dès qu'on peut raisonner de sens froid, il faudroit remonter jusqu'aux premiers Auteurs de cette manœuvre, & leur dire : » dans les mau-
» vaises années, dont tout le monde se
» souvient, ce sont ou *vous-mêmes*, ou
» vos *Auteurs*, ou vos semblables, qui
» vous êtes mêlés du Monopole, ou du
» Commerce *privilégié*, des *règlemens* &
» des *exactions*. Pourquoi donc *le pain*
» étoit-il *à cinq sols la livre & au delà* ?
» Si la *liberté* commencé l'a *encheri*,
» son *prix naturel* n'auroit donc été que
» de trois sols ou au dessous, sans *la*

» *liberté*. Quoi ! dans la plus terrible
» année du monde, le pain devroit va-
» loir à Paris *moins de trois fols ; & vous,*
» dans les années moins mauvaifes que
» celle-ci, vous l'avez fait monter à
» *plus* de *cinq*, & vous êtes *riches*, im-
». menfément *riches* depuis ces années
» là , & vous efperiez faire croire au
» Public que c'eft l'avantage de la Na-
» tion, de vous laiffer le monopole,
» les règlemens, les exactions ? Quelle
» confiance ? »

Cette réflexion bien fimple convain-
cra facilement les perfonnes defintéref-
fées & raifonnables, fur-tout dans le
moment où les terreurs & les plaintes
cefferont, par la *bonne récolte*. Ils ver-
ront bien qu'il eft impoffible que des
hommes *privilégiés*, *à prix d'argent &*
d'intrigues, pour *acheter feuls & vendre*
feuls, que des *exactions multipliées* fur le
bled, fur la farine, fur le pain faffent

autre chofe que *rencherir* le pain, & cela uniquement pour *enrichir* les *Exacteurs* & les *Monopoleurs*.

Il n'en reftera pas moins vrais que les ennemis naturels de la *liberté* & de l'immunité font, & feront tous ceux qui *vivoient*, qui s'*enrichiſſoient* du *monopole* & des *perceptions*. Il n'en fera pas moins vrai qu'il ne faut pas confulter ces gens-là, fur les moyens de concilier le bien public réfultant de la *liberté* & de l'immunité totales, avec des *droits légitimes* appartenans au Roi, aux Seigneurs & aux Villes. On doit être inftruit par les rumeurs & les manœuvres de l'hiver dernier, combien ils favent employer de hardieſſe & d'*artifices* pour écarter, s'ils peuvent, la *liberté*, l'*immunité*, l'*inſtruction publique* : leurs clameurs prouvent qu'ils *gagnoient beaucoup*, & par conféquent que la *Nation perdoit beaucoup*. C'eft donc dans la nature même des autres *résultats*, qu'il faut chercher cette conciliation des intérêts légitimes, sans s'embarraffer du déchaînement univerfel de ces intérêts particuliers, qui eft une suite infaillible de la liberté & de l'immunité.

www.ingramcontent.com/pod-product-compliance
Ingram Content Group UK Ltd.
Pitfield, Milton Keynes, MK11 3LW, UK
UKHW031746170726
13836UKWH00002B/913